THE
LITTLE
LOVELY
SUCCULENT
GARDEN

THE
LITTLE
LOVELY
SUCCULENT
GARDEN

THE
LITTLE
LOVELY
SUCCULENT
GARDEN

THE
LITTLE
LOVELY
SUCCULENT
GARDEN

搭配可愛的迷你模型

可愛無極限
桌上型多肉迷你花園

多肉植物的迷你花園

將多肉植物暱稱為多肉，

本書融入了我對多肉植物的熱愛！

我想將這些名實相符，非常小巧又可愛的多肉們，

以及能擺在桌子上，每日愉快欣賞的

小小世界介紹給你們。

有搭配小巧模型作成的迷你造景、

栽植成擬真甜點的迷你仙人掌和多肉們……

各種融入玩心，時尚又有趣的作品。

多肉們其實有著各式各樣的品種，

它們的姿態，也各有不同，

其中也有奇形怪狀的品種……

不過，這也是多肉的魅力之一！

書中的造景，是以「這種多肉可以打造出這樣的世界」

的這種概念，將多肉的形象放大，並搭配組合。

如果能讓各位讀者會心一笑就更棒了。

請你一定要試試，打造出獨一無二的迷你多肉世界！

CONTENTS

PART. 1

多肉植物＆迷你模型的
可愛造景 ……… 13

PART. 2

透過玻璃容器欣賞
多肉植物 ……… 27

桌上的小可愛們

因為喜歡可愛的東西，忍不住裝飾起植物來。

看著圓滾滾的迷你仙人掌，總會不由自主地揚起微笑。

多肉

仙人掌

空氣鳳梨

多肉 & 空氣鳳梨是什麼樣的植物呢？

　　所謂的多肉植物，是怎麼樣的植物呢？為什麼看起來這麼胖嘟嘟的呢？仙人掌為什麼會有刺呢？空氣鳳梨為什麼不用種在土裡也能生長呢？真是一群充滿謎團的植物呢！

　　多肉植物生長在和日本完全不同，雨量非常稀少、氣候乾燥，雨季、乾季分明的地區。日夜溫差極大，對植物來說是氣候相當嚴苛的環境。多肉植物廣大分布在非洲西南部、馬達加斯加、中美洲南北部、印尼、大洋洲等地。

　　為了適應這樣的氣候，葉和莖便長得較肥厚，形成像水塔般可以蓄積水分的構造，因此被稱為「多肉」。仙人掌也是多肉植物的一種。外型真的就像是水塔般的形狀。

　　在雨季時充分吸收水分，藉由這些水分在乾季免於乾燥，以利行光合作用。多肉植物的表面覆有一層堅固的膜，可防止水分蒸發。仙人掌多為圓球形，是為了將表面積縮小，以抑制水分蒸發。

　　空氣鳳梨則主要是自然生長在南美到阿根廷一帶。在熱帶雨林或叢林中，附著在樹木上，故不需要土壤，是一種在空中生長的附生植物。在常起霧的高濕地帶，藉由吸收空氣中的水分而成長。

Figure:Safari Ltd®

與多肉＆空氣鳳梨一起生活

　　栽植多肉植物，最好是在與多肉生長故鄉接近的環境下培育。日照充足，乾燥且濕氣少的環境較佳。不過，要注意避免夏季高溫的日曬。

　　如果要擺放在陽台，不會淋到雨之處比較好。要保持通風，避免悶濕。

　　若要擺放在室內，窗邊等陽光充足的地方較適合。若室內沒有可以照到陽光處，就輪流幾天曬太陽、幾天放室內裝飾。如果想要長期裝飾在室內，也可以準備幾個花盆輪流拿去曬太陽。

　　多肉植物並不是不需要水分，水是必要的。雖然需要的水量會隨植物的種類或花盆的大小而有所不同，不過最好是約十天澆一次水，澆水的時候要充分澆足。如果花盆沒有底孔，會蓄積水分時，要將花盆傾斜，倒出多餘的水。多肉植物不喜歡悶濕的環境，必須像這樣瀝乾水分。

　　雖然很多人認為空氣鳳梨不必澆水也沒關係，但空氣鳳梨是自然生長在熱帶雨林這種濕度高的環境，藉由吸收空氣中的水分而生存的，相對而言更需要水分。請記得每天以噴霧器噴點水。如果水分不足，葉片前端乾枯時，可以將它浸在裝滿水的水桶裡2至3小時。空氣鳳梨也必須栽植在通風的環境。應將窗戶打開，讓它能吸收到新鮮空氣。但要避免空調的風直接吹拂。

　　無論是多肉還是空氣鳳梨，或許有它們原本理想的外型，但在一起生活的過程中，也會生長成各式各樣的姿態。將這也當成一種樂趣，不必太過偏執，輕鬆地享受和植物們的生活吧！

PART. 1

多肉植物
＆迷你模型的
可愛造景

試著添加幾個迷你模型，
來襯托多肉的個性，
打造出繪本般的世界。

Figure:Safari Ltd®

14

01

小豬＆金星

擁有可愛長條形疣粒的金星，
屬於仙人掌的一員。
將它和小豬模型的觸感與形象互相結合。

DATA

金星　金星屬 ……… P.90

HOW TO MAKE

為了不讓植物低於盆器口，
利用彩色石來調整高度。
作出強調植物和模型個性的配置。

1

準備容器。

2

放入彩色石。

3

將植株上的土輕輕拍落。

4

決定種植的位置。※處理刺較
硬的仙人掌時，請戴上手套作
業。

5

填滿彩色石，固定植株。

6

將植株確實固定。容器輕敲桌
子，讓土往下沉。

7

種好植株後，開始擺放樹枝或
石頭。

8

撒上綠色和黑色的彩色石，打
造成草原的樣子。

9

擺上小豬模型後即完成。

02

在南極和企鵝玩耍

在冰雪世界中，仙人掌登場了，
白色的刺彷彿冰柱一般。
將白色的彩色石以漿糊固定成冰的形狀。
企鵝看起來也好開心。

DATA

提卡恩西斯　銀毛球屬 ……… P.91

03

和長頸鹿比身高

很適合搭配長脖子的長頸鹿，
連顏色也很相似！
加上樹皮，看起來就像岩石一樣。

DATA

黃金司　銀毛球屬 ……… P.91

04
大草原的仙人掌

堅硬粗糙的個性派仙人掌很有大草原的氣勢。
搭配站姿相當可愛的狐獴。
鋪上紅磚色的砂礫，
強調仙人掌的岩石感。

DATA

牡丹玉
裸萼屬 ……… P.90

05
葦仙人掌屬＆熊貓

以和熊貓喜愛的竹子外型相似的葦仙人掌屬，
打造熊貓棲息地的景色。
茂密地種植在一起，帶出野性趣味。

DATA

青柳　葦仙人掌屬 ……… P.92

Figure:Safari Ltd®

Figure:Safari Ltd®

06
在空氣鳳梨中遊獵

將獅子和大象棲息的叢林，
以豪放的空氣鳳梨來表現。

DATA

大三色　空氣鳳梨屬 ········ P.93
大白毛　空氣鳳梨屬 ········ P.93

HOW TO MAKE

空氣鳳梨是不用種在土裡也能生長的植物，
將它裝進大玻璃容器內欣賞吧！
擺放一些樹皮當作岩山。

1

準備容器。

2

放入彩色石。

3

擺放樹皮。

4

放置空氣鳳梨。如果不好擺放
時，可以使用鑷子，比較方
便。

5

擺放獅子和大象的模型。

6

完成。

07

北極的梅杜莎

為葉子表面覆蓋一層白粉的空氣鳳梨，
搭配白色的石子和北極熊。
將樹皮或立或倒，
表現出懸崖峭壁的感覺。

DATA

卡比它它（桃紅） 空氣鳳梨屬 ……… P.93
梅杜莎 空氣鳳梨屬 ……… P.93

08

侏儸紀世界

想像肉食恐龍生存的中生代，
來配置喜愛多濕氣候的空氣鳳梨。
地面的彩色石，
選擇帶有濕氣感覺的顏色。

DATA

柳葉 空氣鳳梨屬 ……… P.93
多國花 空氣鳳梨屬 ……… P.93

09

海底世界

有著熱帶魚和海葵般外型的白毛毛。
配上鮮豔的藍色石子,
將小丑魚的色彩襯托得更加美麗。

DATA

白毛毛　空氣鳳梨屬 ········ P.93
貝可利修女
空氣鳳梨屬 ········ P.93

Figure:Safari Ltd®

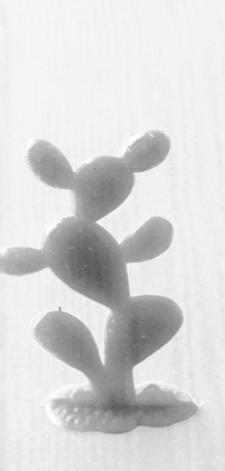

10

彩色地層＆迷你仙人掌

怎麼欣賞也不膩的彩色地層，
配上迷你仙人掌也好可愛！
這是以白色尖刺為特徵的仙人掌。
擺放牛和人偶，表現牧歌風情。

DATA

玉翁殿　銀毛球屬 ⋯⋯⋯ P.91

HOW TO MAKE

只要將彩色石依序重疊就OK了。
要將地層作出山形，可以湯匙輔助。

1 	2 	3 	4 
準備容器。	放入最下層的彩色石。以湯匙作出山形。	放入第二層彩色石。	依序放入第三、第四層彩色石。

5 	6 	7 
將植株的土輕輕拍落，放在要種植處，再填滿彩色石。	一層層不斷地堆疊彩色石，直到植株穩固為止。	擺上模型後即完成。

11

海水浴場

沙灘與海結合趣味的仙人掌。
是令人忍不住想和它對話的作品。
波浪打上海岸的弧線，作得相當有真實感。

DATA

聖王丸

裸萼屬 ……… P.90

12

收割的人們

這是有著肥厚葉片的多肉。
因為生長較遲緩，
選用小型的容器就可以種很久。
收割的兩人，擺放的位置非常重要。
盡量擺在植物的旁邊。

DATA

神想曲

天錦章屬 ……… P.82

13

攝影中

呈現美麗放射狀的多肉，
確實讓人想拍攝下來呢！
試著表現出驚嘆這株多肉的樣子吧！

(DATA)

多林姆卡酷恰

長生草屬 ········· P.87

14

垂釣

由於會像日本舞蹈道具的花斗笠般開花，
因此命名為花笠丸的仙人掌。
垂釣者們正專心致志的釣著魚。

(DATA)

花笠丸

翁寶屬 ········· P.92

15

可愛的姬麒麟

雖然小巧，卻不斷地冒出芽株，
和海豚模型的外型很相似。
擺放上一些珊瑚，
看起來就像在大海中，讓海豚也很滿意。

DATA

姬麒麟

大戟屬 ⋯⋯⋯ P.88

16

個性派的黑法師

黑色的葉子相當有個性。
將它栽植成像聳立在牧場中的大樹一樣。
因為舖了砂礫，
可表現出大地的氛圍。

DATA

黑法師

艷姿屬 ⋯⋯⋯ P.82

Figure:Safari Ltd®

PART. 2

透過
玻璃容器
欣賞多肉植物

透過玻璃觀賞多肉，也相當可愛。
可以放在桌上，或吊在窗邊。
以各式各樣的玻璃容器來欣賞多肉吧！

b

a

17

垂吊式玻璃植栽

這是作成電燈泡形狀的玻璃容器。
吊在眼睛左右的高度，
就可以隨時觀賞它。

DATA

a　**虎斑**　空氣鳳梨屬 ········ P.93
b　**小狐尾**　空氣鳳梨屬 ········ P.93

HOW TO MAKE

1

準備容器。這是仿
電燈泡造型的容
器，要選用具透氣
性的。

2

打開蓋子，放入馴鹿苔。

3

放入空氣鳳梨。

4

蓋上蓋子。

5

完成。將它吊在窗邊吧！

18

玻璃罐中的多肉

生長得相當大株的銀波錦屬的福娘。
即使在玻璃罐中，白粉依然清晰可見。
為了保持排水順暢，將它種在較粗的土壤中。
加上馴鹿苔，
表現出草叢的感覺。

DATA

福娘 銀波錦屬 ⋯⋯⋯ P.85

19

展現嫵媚外表的
仙人掌

這是有著藍綠色表皮，
帶點白粉的仙人掌。
因為呈柱狀生長，很適合種植於高的玻璃罐中。
並將它放置在通風良好、不悶濕的地方。

DATA

龍神木
龍神柱屬 ⋯⋯⋯ P.92

20

如小孩般可愛的
大戟屬

紅色的刺和綠色的表皮呈現鮮明對比。
花生般的頭型相當可愛。
將它種在赤玉土中，
周圍擺放馴鹿苔，增添些許綠意。

DATA

紅彩閣

大戟屬 P.88

21

令人珍惜的
寶石

葉子前端有小小紅色的印記，
加上美麗的放射狀，
看起來彷彿寶石一般。
將它放在青苔戒枕上小心保管。

DATA

綾櫻

長生草屬 P.87

22

庭院中的石蓮屬

肥厚葉片的色澤很有魅力，
可以垂吊也可以擺著欣賞。
在容器中放入赤玉土，
擺上幾片樹皮，再種入植株。
加點馴鹿苔，就增添了不少特色。

DATA

花筏　石蓮屬 ⋯⋯⋯ P.83

23

小燈泡玻璃盆栽

這是小燈泡造型的容器，
只要在容器中放入苔草和空氣鳳梨就完成了！

DATA

左　虎斑　　空氣鳳梨屬 ········ P.93
右　多國花　空氣鳳梨屬 ········ P.93

24

玻璃擺飾

將空氣鳳梨搭配金字塔形的
四方玻璃容器。
底部鋪上一層馴鹿苔，
再擺放上幾株空氣鳳梨。

DATA

棉花糖 空氣鳳梨屬 ……… P.93
多國花（銀） 空氣鳳梨屬 ……… P.93

25

蘆薈屬＆鷹爪草屬的
組合盆栽

將外形銳利的鷹爪草屬和蘆薈屬組合在一起。
即使放在房間角落，也非常有存在感。
先從赤玉土後方的蘆薈屬開始種，
前方搭配比較低矮的植株。

DATA

26

草原風情的
組合盆栽

千里光屬、景天屬與石蓮屬的植物們，
交織出深綠、黃綠、淡綠的色彩，彷彿草原一般。
填入盆底土後，加上赤玉土，
再種入植株，周圍點綴上苔草。

DATA

新玉綴	千里光屬	……… P.86
銀武源	石蓮屬	……… P.83
萬寶	景天屬	……… P.86

PART. 3

多肉植物
＆美味甜點的
二重奏

擬真甜點搭配上多肉植物，
好像很令人意外的組合呢！
來一點可愛又甜蜜的裝飾品如何呢？

27
草莓奶油蛋糕

迷你仙人掌搭配擬真甜點，顯得特別可愛。
配合草莓的顏色，選用粉紅色與紅色的彩色石。

DATA

聖王丸　　*裸萼屬* ……… P.90

HOW TO MAKE

造型用的奶油土，應選用對植物無害的種類，
不懂的時候就請教手藝材料店的店員吧！製作時記得要在通風處作業。
奶油擠好後，和甜點組合起來，靜置一晚，完全乾燥後再和仙人掌組合。

1

準備容器。

2

放入最下層的彩色石。

3

繼續放入第二、第三層的彩色石。

4

將植株上的土輕輕拍落，放在要種植的位置，填滿彩色石。

5

放入土中確實固定。

6

在紙上描出容器的形狀和植株的位置，以作為裝飾的參考，並在圖案上鋪一層塑膠布。

7

擠出裝飾奶油，記得要在通風處製作。

8

在奶油土乾燥前，擺上擬真水果。靜置一天一夜讓它完全乾燥。

9

將步驟8放在步驟5上，撒上一點粉，就會更像真的甜點了。

a

b

c

d

e

裝飾蛋糕

白色的仙人掌配上鮮奶油，胖胖的多肉搭配抹茶，
放大植物原本的形象，挑戰更多不同變化的裝飾。

DATA

a 幻樂
白裳屬 ……… P.89

b 星月夜
銀毛球屬 ……… P.91

c 寶草錦
鷹爪草屬 ……… P.87

d 天狗之舞錦
青鎖龍屬 ……… P.85

e 黃麗
景天屬 ……… P.86

f 櫻星
青鎖龍屬 ……… P.85

f

29

柳橙聖代

有如優格冰淇淋
和柳橙果昔般的彩色石，
漂亮地襯托出了多肉的綠色。

DATA

魁偉玉　大戟屬 ⋯⋯⋯⋯ P.88

30
巧克力聖代

裝飾得這麼可口的聖代，
讓人忍不住想吃真的聖代了呢！

DATA

緋花玉　裸萼屬 ……… P.90

HOW TO MAKE

同樣事先描好容器的外型和植株的位置，鋪上塑膠布，在布上進行裝飾。
造型用的奶油土，應選用對植物無害的種類，
製作時記得要在通風處作業。拿取仙人掌時記得戴上手套。

1

準備容器。

2

放入最下層的彩色石。

3

一邊想像著美味的巧克力，一
層一層地疊上彩色石。

4

將植株上的土輕輕拍落，放在
要種植的位置，填滿彩色石。

5

確實固定好植株。

6

在紙上描出容器的形狀和植株
的位置，以作為裝飾的參考，
並在圖案上鋪一層塑膠布。

7

擠出裝飾奶油。記得要在通風
處製作。

8

在奶油土乾燥前，擺上擬真水
果與巧克力。靜置一天一夜讓
它完全乾燥。

9

將步驟8放在步驟5上即完
成。

a

b

c

d

e

甜丹麥麵包

使用了雜貨店販售的擬真丹麥麵包。
非常適合當作驚喜禮物喔！
製作方法在P.48。

DATA

32

栗子布丁

在奶油黃色的彩色石上，
放上栗子般圓滾滾的仙人掌。
底部則選用帶有碎粒感的彩色石。

DATA

日之出丸　強刺屬 ……… P.92

33

般若紅酒慕斯

這款作品是以木莓慕斯為概念來製作的，
選擇個性風的仙人掌來搭配酒紅色木莓。

DATA

般若　有星屬 ……… P.89

34

水果果凍

配合水果的形象來設計彩色石層吧！
像是粉紅、綠色、橘色等。
a.草莓／b.哈密瓜／c.柳橙

DATA

a.c　花笠丸　翁寶屬 ……… P.92
b　月笛丸　銀毛球屬 ……… P.91

a

b

c

31

甜丹麥麵包

【 HOW TO MAKE 】

P.44的作品作法。
這款擬真丹麥麵包是以海綿作的，
軟綿綿的，質感就像真的麵包一樣。
到雜貨店去尋找看看吧！

1	2	3	4

準備擬真甜甜圈和可放入中央的塑膠容器（寶特瓶的蓋子也OK）。	將容器放入甜甜圈的孔洞。	在塑膠容器的周圍擠一圈裝飾奶油。	在奶油土乾燥前，裝飾上擬真水果。靜置一天一夜讓它完全乾燥。

5	6	7	8

將植株上的土輕輕拍落，水苔泡水回復原狀後，再輕輕擰乾水分。	將水苔纏捲在多肉根部。	放入甜甜圈中的容器內。	完成。

裝飾技巧的重點

·裝飾奶油&花嘴

造型用的奶油土只要裝上花嘴，
便可以擠出各式各樣的花樣。一定要來挑戰看看喔！

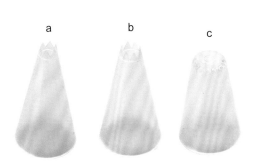

花嘴

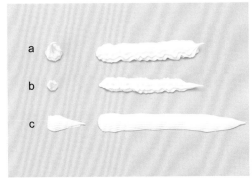

a 六瓣型 b 八瓣型 c 放射型

·搭配水果的顏色來選擇彩色石

例如作品34號的三種水果果凍，可以依照擺放的水果來配色，
選擇不同色彩的彩色石。
a草莓選擇粉紅和紅色，b哈密瓜選擇黃綠色和黃色，c柳橙則選擇橘色和奶油色等。
中間以白色或咖啡色作夾層，更能強調出色彩，顯得更美麗喔！

35

以多肉打造
水果甜點沙龍

將迷你仙人掌作成小巧的甜點，
個性獨特又可愛的仙人掌，
真是吸引人！
製作裝飾時，請參考P.39的步驟6，
先在紙上描好容器與植物的位置，
舖上塑膠布，再依畫好的圖樣來作
裝飾就可以了。

DATA

a 金洋丸
　　銀毛球屬 ……… P.91

b 鬼雲丸
　　南國玉屬 ……… P.90

c 多彩玉
　　極光球屬 ……… P.89

d 地久丸
　　Wigginsia屬

e 滿月
　　銀毛球屬 ……… P.91

f 刺無王冠龍
　　強刺屬 ……… P.92

g 猩猩丸
　　銀毛球屬 ……… P.91

h 聖王丸
　　裸萼屬 ……… P.90

i 大福丸
　　銀毛球屬 ……… P.91

PART. 4

四季的
多肉植物

無論是春、夏、秋、冬，希望屋內的多肉們，都能配合季節感。
春天要活潑開朗，夏天則洋溢度假氣氛，秋天表現落葉或紅葉的形象，
冬天則是銀白的世界……請一定要試試這種呈現手法。

a

b

36

以彩色石打造季節感

這些是有著三色漸層的迷你玻璃盆栽，
分別種入小巧的仙人掌。
a.Spring／b.Summer／c.Autumn／d.Winter

DATA

a　月宮殿　銀毛球屬 ········ P.91
b　錦繡玉　Parodia屬 ········ P.90
c　艾魯薩姆　銀毛球屬 ········ P.91
d　金星　金星屬 ········ P.90

c

d

37

乾燥花作的開花仙人掌

將乾燥花以接著劑黏在仙人掌上。
因為是黏在刺上，對仙人掌不會造成傷害。
雖然仙人掌也會開花，但這樣裝飾也很有趣喔！

DATA

a 英冠玉
　金晃屬 ……… P.90

b 錦丸
　銀毛球屬 ……… P.91

c 緋牡丹錦
　裸萼屬 ……… P.90

d 雷神閣
　雷神閣屬 ……… P.92

e 紫丸
　銀毛球屬 ……… P.91

a　　　　　　b　　　　　　c

d

e

Figure:Safari Ltd®

a

38

寄居多肉

將多肉種在買回來當紀念的貝殼裡，
只要在植株根部纏上水苔就可以了。

DATA

b

c

d

39

海洋風的大戟屬植物

白色的彩色石彷彿一片沙灘，
還有神似蘇鐵的多肉，
再加上海星和貝殼增添氣氛。

DATA

a 小精靈　空氣鳳梨屬 ········ P.93
b 我眉山　大戟屬 ········ P.88
c 蘇鐵麒麟　大戟屬 ········ P.88

a

b

a

b

深秋風情

搭配富有秋季氣息的松果與小樹枝，
享受過去的秋日時光吧！
以褐色的彩色石和赤玉土，
表現出沉穩的色彩。
只要在盆中直接放入空氣鳳梨即可。

DATA

a 霸王鳳　空氣鳳梨屬 ……… P.93
b 朱蓮　伽藍菜屬 ……… P.84
c 紫水晶　空氣鳳梨屬 ……… P.93

c

Figure:Safari Ltd®

41

萬聖節派對

將多肉打造成點綴萬聖節的美麗裝飾，
作成宛如南瓜布丁般的擬真甜點。
裝飾的方法請參考P.39。

DATA

a 金鯱
　仙人球屬 ……… P.89

b 金冠
　金晃屬 ……… P.90

c 聖王丸
　裸萼屬 ……… P.90

d 緋繡玉
　Parodia屬 ……… P.90

e 花笠丸
　翁寶屬 ……… P.92

c

d

e

Figure:Safari Ltd®

42

窗外的銀色世界

名為樹冰與白銀之舞，很有冬日氣息的多肉，
搭配上中心挖空的白樺木枝幹。
放入赤玉土後，將水苔纏繞在植株上再種入。
看起來暖呼呼的毛線球，
則是將植株纏繞水苔後，插入毛線球中心。

DATA

a 銀月
　　千里光屬 ⋯⋯⋯ P.86

b 樹冰
　　Sedeveria屬 ⋯⋯⋯ P.87

c 白銀之舞
　　伽藍菜屬 ⋯⋯⋯ P.84

d 鸞鳳玉
　　有星屬 ⋯⋯⋯ P.89

a

b

c

d

43

情人節的禮物

種在心形容器內的可愛多肉組合盆栽，
看了之後心情也暖了起來呢！

DATA

a　由左至右
變色龍　景天屬 ⋯⋯⋯ P.86
霜之朝　石蓮屬 ⋯⋯⋯ P.83
紫蠻刀　千里光屬 ⋯⋯⋯ P.86
b　由左至右
雅樂之舞　馬齒莧屬 ⋯⋯⋯ P.88
Emerald Lip　石蓮屬 ⋯⋯⋯ P.83
吹雪之松錦　回歡草屬 ⋯⋯⋯ P.82

PART. 5

充滿創意的
包裝方法

將迷你造景花園作成小禮物。
看起來像是蛋糕，其實是仙人掌呢！
非常適合當作驚喜禮物喔！

WRAPPING IDEA. 1

小籃子包裝法

放入自然風的小籃子裡，
打上一個蝴蝶結，
非常簡單就完成了可愛的禮物。

作法在 P.70

WRAPPING IDEA. 2

糖果包裝法

像包糖果一樣將仙人掌包裝起來。
搭配玻璃紙,就能看到內容物了!
讓人覺得看起來好好吃,
打開後才發現是仙人掌,一定會嚇一跳吧!

作法在 P.70

WRAPPING IDEA. 1

準備材料

市售的籃子　　　包裝紙絲
緞帶　　　　　　玻璃紙袋
蠟紙

HOW TO MAKE

1

籃子內鋪上蠟紙。也可以依照自己的喜好鋪上餐巾紙或手帕等。

2

放入多肉盆栽，周圍塞滿包裝紙絲。

3

將籃子放入玻璃紙袋中，以緞帶在袋口打一個蝴蝶結。

WRAPPING IDEA. 2

準備材料

彩色紙　　　　　玻璃紙
蕾絲紙　　　　　緞帶

HOW TO MAKE

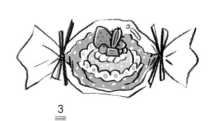

1

在彩色紙上貼雙面膠，並黏上蕾絲紙。

2

將多肉作品放在蕾絲紙上。

3

以玻璃紙像包糖果一樣包起來，兩端以緞帶打上蝴蝶結。

PART. 6

多肉植物的
栽培方法

多肉植物和仙人掌、空氣鳳梨，
究竟需要澆多少水、需要多久的日照呢？
本單元將完整介紹基本的栽培方法。

a

b

c

d

44

多肉迷你盆栽

DATA

多肉植物的栽培方法

組盆的方法

要種植在較小的容器內時，先在中央放入長得較高的植株，再將其他植株在周圍擺成山形，看起來比較茂盛。澆水的方式可參考P.11，大約10天澆一次即可。

1

準備容器。

2

放入赤玉土。

3

準備植株。將土輕輕拍落。

4

根部捲好水苔。

5

將較高的植物種在中央。

6

在較高的植物周圍種入其他的植株。

何謂徒長

因為日照不足，造成莖部變得軟塌細長，稱為徒長。圖中是姬朧月，右邊的樣子才是理想狀態。

多肉的繁殖方法

·葉插法

多肉植物是藉由葉子長出根與芽來繁殖的，它會利用葉片中積蓄的水分和養分來發芽。將輕輕摘下的葉片，放置在乾燥的土壤上，不必澆水。約一個月後，就會長出根，芽也會冒出來（此時可以噴霧器稍微噴一點水）。待芽漸漸膨大後，就可以種植了。原本的葉片會因為養分被吸收而變皺。

·扦插法

扦插法是利用由莖切取下來的芽來繁殖的方法。當莖太長造成失衡時，可以將上方的植株剪下，放置4至5天使其乾燥。接著先插在小瓶子中擺在日蔭處，之後再種到土壤中。等到根部長出來後再澆水即可。

1

長得太高的植株。

2

從根部稍微上面一點、葉子上方的部分剪下。

3

將莖剪短，剪成適合種植的長度。

4

在日蔭處放置4至5天，待乾燥後，將下方葉片去除後，種植在土壤中。約過10天後再澆水。

45

仙人掌迷你盆栽

這款帶疣粒的仙人掌，是銀毛球屬的一員。
將它的根部纏捲水苔，種在赤玉土中。

DATA

澄心丸　銀毛球屬 ········ P.91

Figure:Safari Ltd®

仙人掌的栽培方法

仙人掌的繁殖方法

·枝插法

如象牙團扇等，會從母株分出子株的品種，可將子株剪下，以枝插法繁殖。
剪下後在日蔭處放置2至3天，待切口乾燥後即可種植。

1

會長出子株的仙人掌。

2

從節與節之間剪下。由於仙人掌有尖刺，記得戴著手套作業。

3

將子株剪下。

4

在日蔭處放置2至3天，待切口乾燥後再種在赤玉土內。將植株的一半插入土中。不必立刻澆水，10天後再澆即可。

仙人掌的培育重點

·澆水

仙人掌本體會儲存很多水分，不要澆過多的水，太多水會造成悶濕、爛根。土壤表面乾燥時，才需要澆水。一次充分澆到水會從盆底流出的水量。
春天一個月澆兩次水，夏天生長變慢，澆水次數只需春天的一半。冬天會冬眠，可不必澆水，或移置5℃以上的室內，約一個月澆一次水。

·日照

仙人掌若是日照不足，莖會變得細長，造成徒長。一旦徒長便無法回復原狀，所以每天作日光浴是必要的。請將它放置在窗邊等日照充足的地方。

※同07「北極的梅杜莎」
（P.20）

Figure:Safari Ltd®

空氣鳳梨的栽培方法

·空氣鳳梨的澆水方式

空氣鳳梨是藉由吸收空氣中的水分而生長的。它非常喜歡水。種植在室內時，容易因為空調而乾燥，記得每天要以噴霧器為它噴噴水。

·泡水

葉片萎縮、葉子前端捲曲、乾枯等，都是因為水分不足造成的。若是水分不足，可將它泡水，讓它回復。

水桶裝滿水，浸泡空氣鳳梨。約浸泡2至3小時。

2至3小時後，將它從水中取出。將水擦乾，避免讓水蓄留在莖的基部。

將空氣鳳梨倒放，讓莖基部的水分流出。

·空氣鳳梨的繁殖法

空氣鳳梨會長出子株，如圖中從根部長出的小小植株就是子株。等它長到約母株一半大時，便可以將它從母株分離。

·銀葉種與綠葉種的性質差異＆照顧方法

銀葉種

原產地　墨西哥或南美洲的乾燥地帶

特　徵　附生在標高較高的地方，或沙漠地帶的岩石、矮木的根部。喜歡明亮的環境，表面布滿白色絨毛（鱗片）。較耐旱，若一直在過濕的狀態下容易腐爛，應保持偏乾燥的環境。耐寒性佳，不適合夏天的熱度，夏天應放置在通風良好處。

綠葉種

原產地　中南美洲的熱帶雨林或森林地帶

特　徵　附生在叢林中長有青苔的樹木或岩石上。沒有絨毛，不喜強烈的日照或乾燥。喜歡水，澆水的時候要充分澆足。耐寒性不佳，至少需要10℃的環境。

打造迷你造景花園的
工具＆材料

剪刀
用來剪植株或莖，以及移
植時剪除多餘的根。

填土器
用來鏟土放入花盆中。

手套
拿取帶刺的仙人掌時，
必須戴上手套。

湯匙
要將砂子放入小型容
器或縫隙間時，使用
湯匙很方便。

水桶
用來裝水，以浸泡空氣鳳梨。

作業盤
在這種寬扁的盤子上作業，
可以承接掉落出來的土。

水苔
市面上有販售乾燥的水苔。
將它泡水後，擰乾使用。

鑷子

種小型植株時使用。
用來摘除仙人掌的刺
也很方便。

赤玉土

適合用來栽培多肉植物的
土。透氣性、排水性和保
水性均佳。

噴霧器

替空氣鳳梨澆水時使用。

澆水壺

澆水時使用。這款是直接
將壺嘴接在寶特瓶上。

馴鹿苔

一種不凋苔草，想增加一
點綠意時很方便。

彩色石

色彩豐富，用來作地層十
分有效果。可以配合迷你
花園的感覺來選擇顏色。

可愛的盆器

最適合從旁觀賞地層
造景的玻璃容器。

將焗烤模型當作放擬真
甜點的容器。

小型的馬口鐵水桶，
很有懷舊風情。

澆水壺型的容器。

這是作成布丁杯形狀
的容器。

可將玻璃保存容器當作
玻璃盆栽的器皿。

小型花盆，適合種植
小型的植株。

牛奶罐造型的迷你容器。

PART. 7

多肉植物
圖鑑

本書登場的植物共有113種！
它們各有不同個性，生長的環境也不盡相同。
本單元將介紹本書中出現的多肉植物特徵，
及培育方式的重點。

多肉植物圖鑑

A Succulent Picture book

圖鑑的使用法　　　屬名　　　　屬名以原文標記　　　　　　　　※植物分類中，科中有屬。

艷姿屬
Aeonium
景天科　　　　　　　　科名

特徵　莖的前端部分呈放射狀長出葉片，依種類不同，放射狀外形和顏色也不相同。莖會木質化。

性質　生長期為秋至春季，夏季為休眠期。秋至春季對水的需求較大；夏季斷水，需栽植在通風良好處，冬季則放在日照充足處。

原生地　北非・加那利群島

黑法師　　　　　　　　園藝名

葉子為黑色的個性派。 如果日照充足，葉子的顏色會更加漂亮。　　　　特徵

P.26-16　　　　　　　　登載頁面

艷姿屬　Aeonium
景天科

特徵　莖的前端部分呈放射狀長出葉片，依種類不同，放射狀外形和顏色也不相同。莖會木質化。

性質　生長期為秋至春季，夏季為休眠期。秋至春季對水的需求較大；夏季斷水，需栽植在通風良好處，冬季則放在日照充足處。

原生地　北非・加那利群島

黑法師

葉子為黑色的個性派。如果日照充足，葉子的顏色會更加漂亮。

P.26-16

天錦章屬　Adromischus
景天科

特徵　葉片肥厚的品種多，前端呈喇叭型，有些葉片凹凸不平或帶有花樣，種類豐富。

性質　秋至春季為生長期。相當耐寒，夏天需避免日光直射，以半日照管理。夏季需控制澆水量，葉片稍微萎縮再澆水即可。

原生地　南非

神想曲

葉子前端呈飯匙狀。成長後枝幹會長出氣根，變得毛茸茸的。

P.24-12

回歡草屬　Anacampseros
馬齒莧科

特徵　小型的品種多，最大也只有10公分左右。有細棒狀的葉子密集生長的品種，也有葉子呈放射狀的品種。

性質　比較耐寒，不喜高溫多濕的環境，夏季必須在通風良好處照顧。

原生地　南非

吹雪之松錦

有著帶紅色的斑紋，放射中心部分會長出鬍。

P.66-43b

蘆薈屬 Aloe
百合科

特徵　肥厚且堅韌的葉片向外生長。據說有400種以上的品種。其中也有像庫拉索蘆薈及木立蘆薈等可以食用的品種。

性質　耐熱耐寒性強，在日本的馬路邊隨處可見。雖然半日照也可生長，但在充足的日照下會長得更有精神。要避免夏季日光直射和冬季結霜。

原生地　南非・馬達加斯加

斑馬
葉片較細。容易長出子株，繁殖快速。
P.35-25

翡翠殿
有美麗的黃綠色葉子。不喜日光直射。
P.35-25

不夜城
刺相當突出，扎到會痛。夏季應避免日光直射。
P.35-25

石蓮屬 Echeveria
景天科

特徵　葉片呈放射狀展開，依種類不同，葉子的顏色有紫、紅、綠、青綠等，色彩豐富，寒冷的季節可以欣賞到紅葉。葉子的型態變化也很豐富多樣。

性質　春與秋是生長期，將它放在日照充足的地方吧！利用葉插法也可以簡單繁殖。不喜高溫多濕的環境，夏天應減少澆水量，並放置在通風的場所。

原生地　墨西哥・南美北部

Emerald Lip
稍微扁平的葉子展開成放射狀。葉子前端尖銳，帶有紅斑。
P.66-43b

銀武源
日本培育出的園藝交配種。彷彿撲了白粉般的藍綠色，非常漂亮。
P.36-26

霜之朝
葉片薄而扁平，帶有白粉。喜歡陽光。冬天要避免結凍。
P.66-43a

白牡丹
從春季生長到夏季，冬季會冬眠。冬天需斷水。
P.72-44c

花筏
葉片細長，顏色為紫紅色。寒冷的季節，顏色會變得更深。
P.32-22

瓦松屬 Orostachys
景天科

特徵　日本原產，通常群生在岩石、懸崖、水泥縫隙間或堤防裂縫等人造物上。肥厚的針狀葉呈放射狀密集生長。

性質　耐熱、耐寒、耐旱性強，適合種在排水良好的地方。十分需要日光。初春或秋季葉子長高，前端會開花。花謝後植株會枯萎，不過周圍會長出子株。

原生地　日本

昭和
喜歡乾燥，請種植在顆粒較粗的土壤等排水良好的環境中。
P.1

伽藍菜屬 Kalanchoe
景天科

特 徵　有15cm左右的直立型品種，也有長到80cm的矮木型品種，外型繁多。其中也有在葉片上長出小芽的獨特品種。

性 質　春至秋季為生長期。不耐寒，冬季應放置在日照充足的室內，斷水讓它休息。夏季避免直射日光，減少澆水。根部容易腐爛，注意不要澆水過量。

原生地　馬達加斯加・南非

蝴蝶之舞
橢圓形的葉子，周圍有切口。花是釣鐘形的可愛花朵。
P.72-44b

黑兔耳
葉子表面布滿絨毛，像兔耳朵般。外圍有一圈黑框。
P.72-44a

朱蓮
紅葉期時，葉片會變大紅色。應避免日光直射。
P.61-40b

唐印
特徵是有著薄且渾圓的團扇形葉片。紅葉期時，葉子全體會變紅色。
P.45-31e

白銀之舞
葉片帶有白粉。春季時會開粉紅色的花。
P.65-42c

福兔耳
葉片布滿毛茸茸的白色細毛。葉子像下垂一般向周圍伸展。
P.44-31c

不死鳥
葉子前端會長芽以繁殖。斑紋花樣相當有個性。
P.72-44b

青鎖龍屬 Crassula
景天科

特 徵　葉子的生長方式為兩兩對生，呈十字形交錯排列。雖多為直立型，但也有匍匐生長的類型。

性 質　有春至秋生長的夏季型，和秋至春生長的冬季型。冬季型在夏天時，須放置在通風良好的地方，遮光讓它休眠。青鎖龍屬很耐旱，須注意長期下雨會造成根部腐爛。

原生地　南非・東非

花月
俗稱金錢樹。紅葉期時，會染上一片酒紅色。繁殖力旺盛。

赤鬼城
深紅色的葉子。不喜歡夏季的直射日光，窗邊應拉上窗簾。
P.72-44d

銀箭
葉片表面布滿濃密的細毛。枝一邊從植株分離，一邊向上生長。
P.57-38c

燕子掌
別名宇宙之木。外形像喇叭一樣。成長後，莖會變得像樹木一樣。
P.72-44c

櫻星

肥厚的葉片，以十字形生長。天氣變冷後，會從葉子前端開始變紅。

P.40-28f

天狗之舞

葉子輕薄的樹型種。紅葉時邊緣會變成漂亮的紅色。冬天注意不要凍傷。

P.72-44d

天狗之舞錦

葉子有美麗的直條紋。紅葉時，葉子前端的邊緣會變成紅色。

P.40-28d

博星

葉子是肥厚堅韌的十字形。表面有薄薄的一層白粉。

P.72-44b

姬星

名字帶有星字的青鎖龍屬，都有著相似的外型。

P.72-44b

星乙女

葉子邊緣較薄，很有女人味。是星字家族的一員。

P.72-44c

星之王子

葉片稍微肥厚，邊緣帶有粉紅色。它也是星字家族的一員。

P.72-44d

小圓刀

外型彷彿豆子剖開成兩半的樣子。紅葉時莖會變成紅色。

P.56-38b

朧月屬 Graptopetalum
景天科

特　徵　直立莖的品種多，葉子呈放射狀。強健肥厚的葉子，葉尖尖銳。春季會長出花莖且開花。

性　質　耐熱、耐寒，是強韌好培育的品種。應放置在通風的地方，注意不要悶爛。

原生地　墨西哥・中美洲

姬朧月

特徵是肥厚、茶褐色的葉子。直立向上的多頭群生。

P.57-38d

愁麗

樹型種。葉子呈銀綠色，帶一點粉紅色。秋天會形成紅葉。

P.72-44c

銀波錦屬 Cotyledon
景天科

特　徵　以膨大肥厚的葉子為特徵的品種，葉子形狀很像熊爪的熊童子，也是其中一員。樹型種，莖會木質化。

性　質　表面帶有白粉的種類喜歡陽光。請常常讓它曬日光浴。不喜悶濕的環境，應將它擺放在通風的地方。

原生地　南非

福娘

帶有白粉的深綠色葉子前端，有著紅色的線條，相當有個性。

P.30-18

景天屬 Sedum
景天科

特徵 許多品種有肥厚而小巧的可愛葉子，群生的品種也相當多。另外也有樹型種的品種。耐寒性佳，也相對耐熱，是容易培育的多肉植物。

性質 需要日照，但不喜夏季時日光直射，夏天應放置在半日照的涼爽地方。生長快速，可在秋季以枝插法繁殖。

原生地 分布於熱帶・亞熱帶・溫帶

黃麗
生長約一年後，葉子會變成圖中的黃色。
P.40-28e

變色龍
強健且茂盛。2至3年後即可移植。
P.66-43a

新玉綴
別名Beer Hop。即使葉片掉落，也可以利用葉插法簡單繁殖。
P.36-26/P.72-44c

八千代
直立莖型。葉子前端有微微黃色，紅葉期會轉變為紅色。
P.72-44d

魯迪
直立莖型。葉子薄而圓，是很可愛的品種。
P.72-44b

千里光屬 Senecio
菊科

特徵 有蔓莖上長著圓滾滾的葉子的品種、葉片表面布滿濃密白毛的品種、粗大的莖節長得很高的品種等，是充滿個性且型態豐富的屬。

性質 性質強健，冬天在屋外也能夠生長，但要避免結凍。夏天同樣必須避免悶濕。這種屬有許多討厭根部乾燥的品種。充分地給予水分，通暢排水，就是培育的祕訣。

原生地 西南非

銀月
表面覆蓋一層純白色的毛。不耐高溫，應種植在涼爽的環境中。
P.64-42a

綠之鈴
蔓莖上有著圓滾滾的葉子，向下垂落。容易培育，生長快速。
P.56-38a

紫蠻刀
葉片扁平，邊緣呈紫色。
P.66-43a

萬寶
莖上長有許多粗而纖長的葉子。葉脈帶有白粉。
P.36-26

黃花新月
紫紅色細長的蔓莖上有著細長的葉子。以匍匐狀態生長。
P.72-44c

Sedeveria屬　Sedeveria
景天科

特徵　景天屬與石蓮屬的交配屬。細小的葉片呈放射狀展開，給人纖細的印象。喜歡日照充足、通風良好的環境。

性質　雖然相當耐熱、耐寒，但不喜歡悶熱。應避免悶濕，土壤乾了之後再澆水即可。

原生地　交配屬

群月冠
帶有透明感的綠色葉片上，覆蓋一層薄薄的白粉。
P.72-44b

樹冰
葉子Q彈而細長。通常是綠色，冬季會變為淡黃色的紅葉。
P.64-42b

長生草屬　Sempervivum
景天科

特徵　屬於高山植物的一員，耐寒性強，但不耐熱。葉片呈緊密的放射狀。有葉子前端是紅色的品種、及葉子為紫色的品種等，種類豐富。會從莖旁邊長出子株來繁殖。

性質　生長期為春和秋。喜歡陽光。盛夏是休眠期，應減少澆水，並放置在涼爽且通風的地方。避免悶濕。

原生地　歐洲阿爾卑斯山脈‧中亞洲

綾櫻
從母株旁長出子株繁殖。耐寒性佳，但不耐熱。
P.31-21

多林姆卡酷恰
葉子綠中帶紫，肥厚且堅硬。表面覆蓋一層細毛。
P.25-13

鷹爪草屬　Haworthia
蘆薈科

特徵　鷹爪草屬分為葉子前端有鏡片般的窗構造的軟葉系，和堅硬的葉片前端尖銳的硬葉系等品種。窗可以吸收陽光，以進行光合作用。

性質　鷹爪草屬是自生在地底下的品種，故不耐強光。應種植在室內，並以窗簾遮光較恰當。春秋是生長期，夏冬應減少澆水量。冬季避免放置於5℃以下的環境。

原生地　南非

小人之座
小型且易群生的品種。通常為黃綠色，一到冬天會轉成紅葉。
P.35-25

星之林
呈塔狀生長。從植株基部長出許多小芽來繁殖。
P.35-25

十二之卷
葉子前端尖銳且捲曲，有白色的橫條紋。
P.35-25

寶草錦
肥厚的葉片上有著美麗的斑紋。應在半日照下培育，避免悶濕。
P.40-28c

花鏡
鮮豔而帶有透明感的黃綠色。注意避免直射日光。
P.35-25

松之雪
有細小的疣粒，葉片背面有細細的白色斑紋。
P.35-25

照波屬 Bergeranthus
番杏科

特徵　葉子細長呈三稜狀，是群生型。冬季生長，夏季休眠。夏天應放置在涼爽半日照的地方讓它休息。雖然很耐寒，但要注意不要凍傷。

性質　強韌到即使踩踏也不會枯萎，1至2年就會長到滿盆，可以換盆再培育。

原生地　南非

照波
強韌且耐寒、耐熱。在日本下午三點左右會開花，因此別名三時草。
P.72-44d

馬齒莧屬 Portulacaria
馬齒莧科

特徵　小巧渾圓的葉片兩兩對生。莖會木質化，在原生地，可長成約2至5公尺高的矮木叢。

性質　春天以枝插法可簡易繁殖。移植也適合在春天進行。雖然很強健，但稍微不耐寒，應避免霜害。

原生地　南非

雅樂之舞
生長期在夏天，但應避免強光，放置於半日照處。秋天會變成紅葉。
P.66-43b

大戟屬 Euphorbia
大戟科

特徵　有刺的種類繁多，但沒有像仙人掌一樣有長刺的台座「刺座」。葉或莖受到傷害時，會流出白色的樹液。樹液可能會引起發炎，碰到時應盡快沖洗乾淨。

性質　不喜歡悶濕的環境，夏天應減少澆水。春、秋季則等土壤乾燥時再充分澆足。大戟屬也不耐寒，應避免放置在5℃以下的環境。

原生地　非洲・馬達加斯加。

峨眉山
有著鳳梨般的外型。會從母株的旁邊長出子株。
P.58-39b

蘇鐵麒麟
是鐵甲丸和峨嵋山的交配種。會從母株的旁邊長出子株。
P.59-39c

紅彩閣
冬季時，紅色尖刺的顏色會變得更深。
P.31-20

姬麒麟
從一株植株不斷地長出新的子株，變成圖中的樣子。
P.26-15

魁偉玉
若養的較大，接地部分會木質化。植株底部會長出許多芽。
P.42-29

仙人掌
Cactus
仙人掌科

日文稱為SABOTEN。仙人掌是從16世紀時引進日本的，有一說是當時的人們會將仙人掌莖的汁液當作洗刷衣服髒污的肥皂（葡萄牙語為sabao）來使用，因而有此名稱。英文的Cactus則來自拉丁語，它的語源有「長滿刺的植物」的意思。仙人掌科的植物有讓尖刺生長的台座，稱為「刺座」。其中也有為了保護身體免於乾燥而進化，尖刺則退化的品種。仙人掌的原生地在南北美洲大陸和加拉巴哥群島等地。氣候有乾燥地、高山、熱帶森林地帶、溫帶等各種類型。因此仙人掌也有各式各樣的種類。每一種都有獨特個性，以及不可思議的型態。是相當趣味盎然的植物。

有星屬
Astrophytum
仙人掌科

特　徵　也有刺已退化的品種。表皮帶有小小白色斑點的品種，稱為有星類。

性　質　不喜夏季的強光，應栽植在半日照的環境。

原生地　墨西哥

鸞鳳玉
小時候是球形，漸漸會長大成柱狀。
P.65-42d

般若
成長後，可能會呈球形、酒瓶形、柱形。
P.46-33

仙人球屬
Echinocactus
仙人掌科

特　徵　稜長有許多堅硬又尖銳的刺。過約30年後會開花，可長到1公尺以上。

性　質　春至夏季應給予充足的水分，冬季只需要以噴霧器噴噴水即可。

原生地　墨西哥

金鯱
帶有堅硬的金色尖刺。2年需換盆一次。
P.62-41a

白裳屬
Espostoa
仙人掌科

特　徵　柱型仙人掌，表面布滿白色細毛。這些毛據說是為了防曬及防寒。

性　質　常年都要澆水。注意不要澆到白色的毛。

原生地　祕魯

幻樂
白色細毛中藏有白色尖刺，請務必小心。
P.40-28a

極光球屬
Eriosyce
仙人掌科

特　徵　生長於相對寒冷的季節。

性　質　較熱的季節是休眠期。如果日照不足會變得軟塌細長。

原生地　南美西側・智利

多彩玉
刺的顏色很多彩，故有此名。暗色的表皮也相當難得一見。
P.50-35c

仙人柱屬
Cereus
仙人掌科

特　徵　仙人柱屬的成員們從古老時期就來到日本，在溫暖地區的海邊常可以見到它們。

性　質　春至夏是生長期。寒冬是休眠期。

原生地　南美洲

金獅子
仙人柱屬的代表品種。應種植在日照充足的窗邊及通風處。
P.44-31b

裸萼屬
Gymnocalycium
仙人掌科

特　徵　多為圓球形的品種。沒有葉綠素，紅色帶斑的品種相當受歡迎。

性　質　喜歡半日照。須保持良好排水，常年補充水分。

原生地　南美洲

緋花玉
會開出鮮紅色的花，故有此名。稜較肥短。
P.42-30

聖王丸
有五個巨大的稜，外型像丸子。會開粉紅色的花。
P.24-11/P.38-27/P.51-35h/P.63-41c

牡丹玉
表皮顏色令人聯想到爬蟲類的皮膚。是沒有葉綠素的品種。
P.17-04

緋牡丹錦
外型看起來像是恐龍的背。盛夏應放置在半日照的環境。
P.54-37c

金晃屬
Eriocactus
仙人掌科

特　徵　有柱狀生長的品種，及子球群生的品種。

性　質　強健、容易栽培。需要充足的日光浴。

原生地　巴西

英冠玉
稜很清晰分明。子球密集群生。
P.54-37a

金冠
外型彷彿頭上戴著一個金色的皇冠。
P.62-41b

金星屬
Dolichothele
仙人掌科

特　徵　特徵是莖的疣粒很長。是球形仙人掌。

性　質　適合半日照，避開強光。盆內的土乾燥後，再澆足水量。

原生地　北美・墨西哥。

金星
日光浴曬得好，會呈現漂亮的綠色。春天會開黃色的花。
P.14-01/P.53-36d

南國玉屬
Notocactus
仙人掌科

特　徵　名稱多為「○○丸」的球形仙人掌。是日本也容易栽培，開花很美的品種。

性　質　喜歡日照，但應避免夏季日光直射。

原生地　巴西・阿根廷

鬼雲丸
布滿帶紅色的刺。花是金黃色，花蕊則是紅色。
P.50-35b

Parodia屬
Parodia
仙人掌科

特　徵　春天時，會從頂部開出帶金屬色的美麗花朵。刺的中央還會長出鈎狀的粗刺。

性　質　每週1至2次澆充足的水量。

原生地　阿根廷

錦繡玉
會開黃色的花。如果排水不良會容易爛根，請多注意。
P.52-36b

緋繡玉
會開紅色的花。如果排水不良會容易爛根，請多注意。
P.45-31d/P.63-41d

銀毛球屬
Mammillaria
仙人掌科

特　徵　刺座呈疣粒狀。是有400種以上品種的大族群。許多品種都會開可愛的花朵。

性　質　不喜高溫潮濕的環境。

原生地　墨西哥・南美洲

艾魯薩姆
沒有刺或刺較短小。會從植株基部長出子球。

P.53-36c

金洋丸
刺是黃色，花也是黃色。疣粒與疣粒之間會長出白毛。

P.50-35a

玉翁殿
特徵是白色的刺。隨著植株成長，刺會變成細長的純白色。

P.22-10

月宮殿
白色尖刺的前端會形成鉤狀。初春時會開紅色的花。

P.52-36a

黃金司
大拇指粗細的植株群生在一起。是容易栽培的仙人掌。

P.16-03

月笛丸
白色尖刺相當茂密。會開一圈小巧的粉紅色花。

P.47-34b

猩猩丸
白色尖刺中有紅褐色的小刺。耐寒性佳。

P.50-35g

大福丸
會開一圈粉紅色的花。會從植株旁長出子球。

P.51-35i

提卡恩西斯
稍微圓筒狀的仙人掌。會開一圈小巧的粉紅色花。

P.16-02

澄心丸
會長成圓筒狀。花是粉紅色。

P.74-45

雪武華丸
經常長出子球。到開花年齡時，會長出綿毛。

P.2

星月夜
有著可愛疣粒的仙人掌。讓它充分的曬日光浴吧！

P.40-28b/P.44-31a

滿月
圓滾滾的仙人掌。會開白底帶粉紅線條的可愛花朵。

P.51-35e

紫丸
經常長出子球。請避免夏天的強光容易使它曬傷。

P.55-37e

錦丸
茶褐色的刺相當美麗。會開粉紅色的花。

P.54-37b

強刺屬
Ferocactus
仙人掌科

特徵 強刺屬就是刺較強健的品種。生長期分為夏型和冬型。刺座會分泌蜜汁，容易弄髒植株。

性質 需要充足的陽光和通風的環境。

原生地 墨西哥・美國西南部。

日之出丸
稜褶處為波浪形，溝很深。有著粗而強健的刺。
P.46-32

刺無王冠龍
表皮為青白色，看起來很嫵媚。相對強韌，容易栽培。
P.50-35f

雷神閣屬
Polaskia
仙人掌科

特徵 野趣十足的柱形仙人掌。

性質 冬季在充足的日照下，會長出花芽。生長速度相對快，耐寒性強，但須注意避免凍傷。

原生地 北美洲・墨西哥

雷神閣
刺較短，表皮有一層白粉。夏季應採半日照。
P.55-37d

龍神柱屬
Myrtillocactus
仙人掌科

特徵 柱形仙人掌。在原生地可能長到數公尺高。

性質 如果日照不足會變得軟塌無力。

原生地 墨西哥

龍神木
藍綠色的表皮，帶有淡淡的白粉。常作為嫁接的台木。
P.30-19

翁寶屬
Rebutia
仙人掌科

特徵 會開出如體型般大的花，是非常受歡迎的品種。會長子球群生。

性質 稍微不耐寒，寒冬時應移至室內栽培。

原生地 南美洲・阿根廷

花笠丸
會開黃色的花。其中也會開出橘色的花。
P.25-14/P.47-34a,c/P.63-41e

葦仙人掌屬
Rypsalis
仙人掌科

特徵 在原生地，是附生在森林的樹木上。

性質 照射樹蔭下強度的陽光即可生長。通常生長在熱帶濕度較高的地區，適合以噴霧器噴水。

原生地 南美洲

青柳
葉子已退化，只有圓柱狀的莖向外生長。若將它垂吊，莖垂落的樣子很有意思。
P.17-05

空氣鳳梨屬
Tillandsia
鳳梨科

特徵 因為不必種在土壤中也能生長，故又名為air plant。附生在岩石或樹木上，以葉子吸收空氣中的水分而生長。「附生」不等於「寄生」，它並不是直接從樹木中獲取養分。根據葉子的狀態，可分為銀葉種和綠葉種。銀葉種的表面覆蓋一層稱為鱗片的白色絨毛。綠葉種則沒有鱗片。

性質 銀葉種的絨毛可以遮光，且更易於吸收水分。在陽光下也沒問題。綠葉種則適合半日照的環境。

原生地 北美亞熱帶・南美洲・智利等

白毛毛

銀葉種。會長許多子株。不耐寒。

P.21-09

卡比它它（桃紅）

銀葉種。會開紫色的花。相當耐旱，強健容易栽培。

P.20-07

梅杜莎

銀葉種。扭曲的葉子彷彿梅杜莎的頭髮。每週以噴霧器噴水2至3次。

P.20-07

霸王鳳

銀葉種。大型的空氣鳳梨。適合種植在明亮的地方。

P.60-40a

棉花糖

銀葉種。子株繁殖旺盛。會開漂亮的粉紅色花。

P.34-24

大三色

銀葉種。會開紫色筒狀的花朵。花謝後會附著在植株上。

P.18-06

小精靈

銀葉種。別名為柯比（kolbii）。開花期會長出花序，並開花。

P.58-39a

多國花

銀葉種。生長於高山。是較需要水的性質，應2至3天澆一次水。

P.20-08/P.33-23

多國花（銀）

銀葉種。會長許多子株，也很容易開花。容易栽培，適合初學者。

P.34-24

紫水晶

依季節不同，色澤也會稍微有變化。花為粉紅色。

P.61-40

柳葉

銀葉種。細長的葉子向外伸長捲曲。

P.20-08

虎斑

葉片上有褐色的斑紋。不耐旱，應時常噴點水。

P.28-17a/P.33-23

貝可利修女

銀葉種。開花時葉子會變紅色。花會直接從植株綻放。

P.21-09

小狐尾

有莖。外型像動物的尾巴一樣。會開紅色的花。

P.28-17b

大白毛

銀葉種。不耐熱，夏天應移置涼爽的地方。

P.18-06

用語解說
Glossary

赤玉土
顆粒狀的紅土，是不含肥料的酸性土。排水性佳，也具有透氣性。

學名
對生物命制的世界共通名稱。以拉丁文表示，不含科名，以「屬+種」標記。

花莖
特別為開花所生長的莖。

氣根
暴露在空氣中以幫助呼吸的根。

休眠
指暫時停止生長的時期。每種植物各有不同的寒季或熱季。在休眠中，應減少澆水的頻率，甚至可能斷水。

銀葉種
空氣鳳梨中，葉片表面會覆蓋一層白色絨毛（鱗片）的品種。

群生
植株大量繁殖生長的狀態。有其中一株會長大的品種，及再長出子株以繁殖的品種，和在植株前端長出子株的品種等。

長芽
從母株長出子株。

莖直立
莖向上生長的狀態。

子芽
指從葉子前端長出的子株。伽藍菜屬的子寶草和不死鳥等，都會長出子芽。

刺座
仙人掌科特有，生長尖刺的器官。刺座是在進化的過程中，枝極端短縮到植株體內所形成的，也稱為短枝，刺就等同於短枝的葉子。

遮光
以蕾絲窗簾等遮住直射日光。

森林性
生長在濕度較高的森林中，喜歡適度濕度的性質。

綴化
生長點因為變異，由點變成帶狀生長。日文也念作「Tekka」。

泡水
空氣鳳梨的給水法，將它泡在水中數小時後再擦乾。

屬
生物分類學上，分類的一個階級。目下有科，科下有屬。屬下再分種。

球仙人掌
球形的仙人掌。仙人掌粗略可分為球仙人掌、柱仙人掌、團扇仙人掌。

斷水
不澆水。休眠中的多肉植物，可能需要斷水。

附生
根不長在土中，而是附著在樹木或岩石上生長繁殖。

徒長
因為日照不足，莖呈現軟塌細長的狀態。

絨毛
覆蓋在空氣鳳梨表皮的白色細毛。也就是鱗片。

夏型種
夏天生長的多肉植物。大部分的多肉植物為夏型種。

爛根
根部腐爛。是由於水澆太多、悶濕所引起的。

白粉
為了保護植株免於日光直射，而產生的白色粉末。

葉插法
從摘下的葉片上長出根及芽來栽植的多肉植物繁殖法。

柱仙人掌
像柱子般向上生長的仙人掌。

葉燒
因為過強的陽光造成葉子被曬成褐色。

半日陰
光線強度約如日蔭下的陽光的地方。

帶斑
原本是綠色的葉子，一部分變成白色或黃色、紅色花樣的樣子。通常是因為突然變異的關係。

冬型種
冬天生長的多肉植物。夏季會休眠，應減少澆水或斷水。

匍匐生長
往水平方向的地面生長的性質。

籽生植物
由種子發芽生長的植物。仙人掌多為籽生植物。

水苔
將生長在濕地的苔類乾燥化。泡水復原後使用。保水力強。

木質化
為了支撐長高的身體，莖或枝變成像樹木般堅硬、褐色的狀態。

稜
仙人掌表面像山的稜線般凸出的部分。

綠葉種
空氣鳳梨中，沒有覆蓋絨毛（鱗片）的品種。

放射狀
葉子像玫瑰花般展開的狀態。

| 自然綠生活 | 11

可愛無極限 ‧ 桌上型多肉迷你花園

監　　　修／Inter Plants Net
譯　　　者／陳妍雯
發 行 人／詹慶和
總 編 輯／蔡麗玲
執行編輯／劉蕙寧
編　　　輯／蔡毓玲‧黃璟安‧陳姿伶‧白宜平‧李佳穎
封面設計／周盈汝
內頁排版／翟秀美
美術編輯／陳麗娜‧韓欣恬
出 版 者／噴泉文化館
發 行 者／悅智文化事業有限公司
郵政劃撥帳號／19452608
戶　　　名／悅智文化事業有限公司
地　　　址／新北市板橋區板新路 206 號 3 樓
電子信箱／elegant.books@msa.hinet.net
電　　　話／(02)8952-4078
傳　　　真／(02)8952-4084

2016 年 1 月初版一刷　定價 380 元

FIGURE WO SOETE TANOSHIMU
TANIKU SHOKUBUTSU NO KAWAII MINIATURE GARDEN
© Nitto Shoin Honsha Co., Ltd. 2014
Originally published in Japan in 2014 by NITTO SHOIN HONSHA CO., LTD.,
TOKYO.
Traditional Chinese translation rights arranged through TOHAN
CORPORATION, TOKYO. and KEIO CULTURAL ENTERPRISE CO., LTD.

經銷／高見文化行銷股份有限公司
地址／新北市樹林區佳園路二段 70-1 號
電話／0800-055-365　　傳真／(02)2668-6220

STAFF

監修‧植物造型設計／水野雄太（Inter Plants Net）
照片拍攝／清水奈緒
造型設計／西森萌
製作&圖鑑拍攝／相築正人
插畫／村山宇希
設計／望月昭秀+境田真奈美（NILSON）
構成‧編輯／大野雅代(Create ONO)
企劃‧進行／山口京美

製作協力（迷你模型）／
Safari Ltd®
太洋產業貿易株式會社 商事部
http://www.tst-japan.com/paradise/

TOMYTEC
TOMYTEC株式會社
顧客諮詢室 New Hobby處
http://www.tomytec.co.jp/

國家圖書館出版品預行編目 (CIP) 資料

可愛無極限‧桌上型多肉迷你花園 / Inter Plants
Net 監修 . -- 初版 . – 新北市：噴泉文化，2016.1
　面；　公分 . -- (自然綠生活；11)
ISBN 978-986-92331-5-6（平裝）

1. 仙人掌目 2. 園藝學
435.48　　　　　　　　　　104027058

紐約森呼吸
愛上綠意圍繞の創意空間

川本諭◎著　定價：450 元

以植物點綴人們，以植物布置街道，以植物豐富你的空間

Deco Room
with
Plants
in NEW YORK